Bianca Quixtner

# Auswertung eines Fragebogens: Fachkräftebedarf im Landkreis Cham

GRIN Verlag

**Bibliografische Information der Deutschen Nationalbibliothek:**

Die Deutsche Bibliothek verzeichnet diese Publikation in der Deutschen National-
bibliografie; detaillierte bibliografische Daten sind im Internet über http://dnb.d-
nb.de/ abrufbar.

**Impressum:**

Copyright © 2014 GRIN Verlag GmbH
Druck und Bindung: Books on Demand GmbH, Norderstedt Germany
ISBN: 978-3-656-63226-9

**Dieses Buch bei GRIN:**

http://www.grin.com/de/e-book/271028/auswertung-eines-fragebogens-fachkraef-
tebedarf-im-landkreis-cham

**GRIN - Your knowledge has value**

Der GRIN Verlag publiziert seit 1998 wissenschaftliche Arbeiten von Studenten, Hochschullehrern und anderen Akademikern als eBook und gedrucktes Buch. Die Verlagswebsite www.grin.com ist die ideale Plattform zur Veröffentlichung von Hausarbeiten, Abschlussarbeiten, wissenschaftlichen Aufsätzen, Dissertationen und Fachbüchern.

**Besuchen Sie uns im Internet:**

http://www.grin.com/

http://www.facebook.com/grincom

http://www.twitter.com/grin_com

Hochschule für angewandtes Management in Erding

Fachbereich Betriebswirtschaftslehre

Wintersemester 2013/14

Modul: Forschungsmethoden und angewandte Statistik

Auswertung eines Fragebogens:

Fachkräftebedarf im Landkreis Cham

Vorgelegt von:

Bianca Quixtner

3. Semester

Tag der Einreichung:

17.02.2014

# Inhaltsverzeichnis

# Abbildungsverzeichnis

## 1. Einleitung

Während die Statistik und ihre Anwendungen früher nur Staatsangelegenheiten behandelte, so ist sie heute auf Gebieten wie Nachrichtenwesen, Biologie, Physik, Elektronik, politische Wissenschaften, Soziologie und noch vielen anderen Gebieten weit verbreitet. Sie quantifiziert Massenerscheinungen und wird als Methodenlehre verstanden.

Die Statistik lässt sich grundsätzlich in zwei Bereiche einteilen. Zum einen die deskriptive bzw. deduktive Statistik, die sich auf die Beschreibung und Analyse der Daten konzentriert und weder Schlussfolgerungen noch Inferenzen zieht, sie stellt zum Beispiel Mittelwerte, Extremwerte oder Häufigkeitsverteilungen fest. Zum anderen die induktive Statistik, die sich mit den Bedingungen beschäftigt, unter denen Schlüsse auf die Grundgesamtheit gültig sind. Damit hier auch genaue Aussagen getroffen werden können, erfolgt die Auswahl der Teilmenge nach statistischen Methoden.

Um auch das theoretisch erworbene Wissen aus den Präsenzphasen anzuwenden, werte ich in meiner Studienarbeit einen Fragebogen zum Thema Fachkräftebedarf im Landkreis Cham mit Hilfe der Statistiksoftware SPSS aus. Als Untersuchungsgrundlage verwende ich einen Datensatz, der aus der Befragung von Betrieben des Landkreises Cham gewonnen wurde.

In meiner Studienarbeit gehe ich zuerst auf den theoretischen Hintergrund der Hypothese bzw. des Tests ein und beschäftige mich dann mit der Analyse und Interpretation des statistischen Zusammenhangs.

## 2. Häufigkeitsverteilung

### 2.1. Theoretischer Hintergrund

Um eine Übersicht von den Rohdaten der Urliste zu bekommen, werden diese zusammengefasst und in relativen und absoluten Häufigkeiten dargestellt. Die relative Häufigkeit ergibt sich aus der absoluten Häufigkeit dividiert durch die Anzahl der Beobachtungen, multipliziert mit 100 ergibt diese den Wert in Prozent. Relative Häufigkeiten können entweder die Beobachtungen oder die Nennungen als Basis haben, was sich unterschiedlich auswirkt, falls Beobachtungen „keine Angaben" haben. Die Häufigkeitsverteilungen können in einer Tabelle oder auch graphisch dargestellt werden.[1]

### 2.2. Anwendung auf den Fragebogen

Zu Beginn der Analyse des Fachkräftebedarfs im Landkreis Cham möchte ich etwas näher auf die Anzahl der Betriebe bzw. die Wirtschaftszweige dessen Betriebe eingehen. Grundsätzlich konnten durch den Fragebogen Antworten von 369 Betrieben erreicht werden.

| | | Häufigkeit | Prozent | Gültige Prozent | Kumulative Prozente |
|---|---|---|---|---|---|
| Gültig | Handwerk | 116 | 31,4 | 31,4 | 31,4 |
| | Verarbeitendes Gewerbe | 47 | 12,7 | 12,7 | 44,2 |
| | Handel | 46 | 12,5 | 12,5 | 56,6 |
| | Energie/ Landwirtschaft | 7 | 1,9 | 1,9 | 58,5 |
| | Gastronomie/ Tourismus | 24 | 6,5 | 6,5 | 65,0 |
| | Gesundheits- und Pflegeleistungen | 34 | 9,2 | 9,2 | 74,3 |
| | sonstige Dienstleistungen | 58 | 15,7 | 15,7 | 90,0 |
| | Sonstiges | 37 | 10,0 | 10,0 | 100,0 |
| | Gesamtsumme | 369 | 100,0 | 100,0 | |

Tabelle 1: Wirtschaftszweige

---

[1] vgl. Quatember A. (2011), S. 10

Die Tabelle 1 zeigt, dass es sich bei 116 Betrieben um einen Handwerksbetrieb handelt, was bedeutet, dass diese mit 31,4 % am meisten vertreten sind. Gefolgt von Betrieben mit sonstigen Dienstleistungen mit 15,7 %, die Wirtschaftszweige des verarbeitenden Gewerbes und des Handels sind jeweils mit etwas mehr als 12% zu verzeichnen. Die restlichen 102 Betriebe sind den Bereichen Gesundheits- und Pflegeleistungen, Gastronomie/Tourismus, Energie/Landwirtschaft und Sonstiges zuzuordnen.

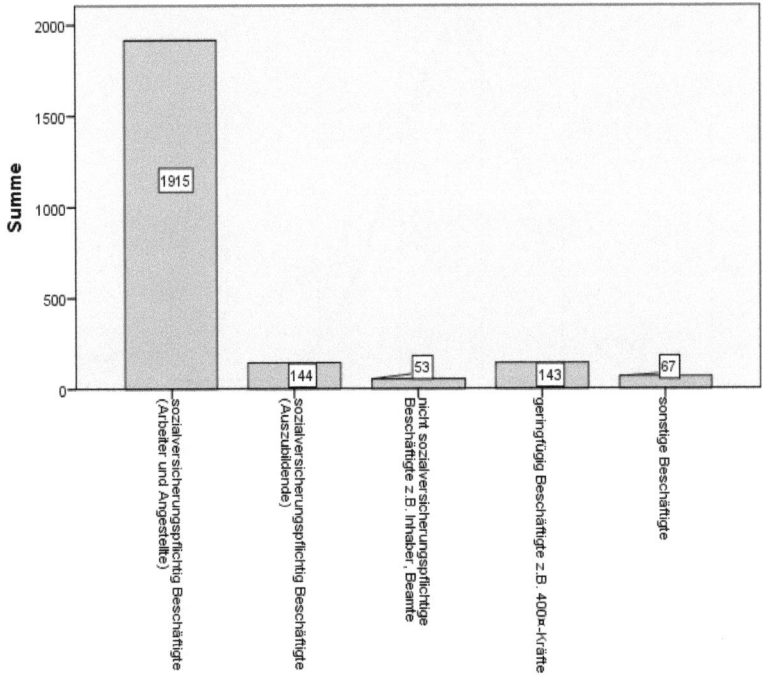

**Diagramm 1: Beschäftigungsgruppen**

Als nächstes möchte ich näher auf die Beschäftigungsgruppen der Betriebe im Landkreis Cham eingehen. Wie im Diagramm 1 zu sehen, sind in diesen 369 oberpfälzischen Betrieben 1.915 Personen sozialversicherungspflichtig beschäftigt, darunter zählen Arbeiter und Angestellte. Es werden 144 Personen ausgebildet und

143 Personen als geringfügig Beschäftigte angegeben. 53 Personen sind nicht sozialversicherungspflichtig, wie zum Beispiel Firmeninhaber und Beamte, die restlichen sind im Bereich sonstige Beschäftigte angesiedelt.

**Histogramm**

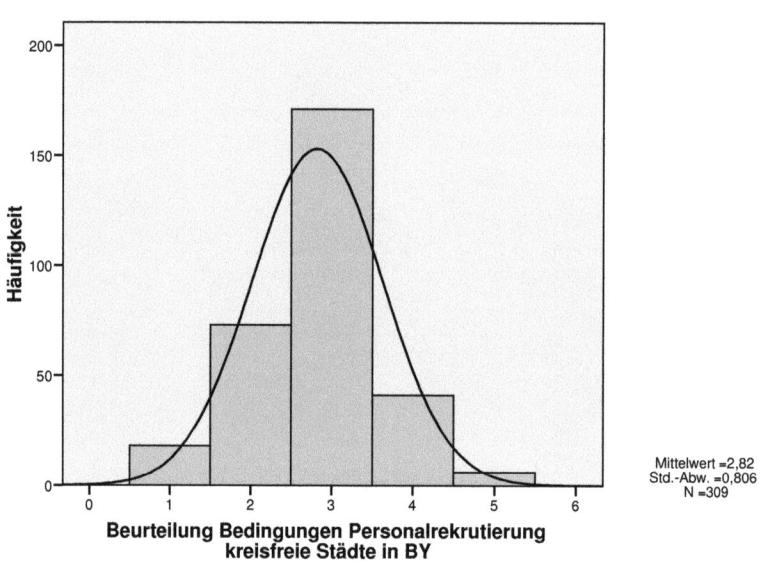

Diagramm 2: Histogramm

Wie im Histogramm zu sehen, haben 309 Betriebe die Bedingungen der Personalrekrutierung aus Arbeitgebersicht im Landkreis Cham im Vergleich zu anderen kreisfreien Städten in Bayern beurteilt. Die Antwortmöglichkeiten waren 1, was einem sehr schlecht entspricht bis abgestuft zu 5, einem sehr gut.

6 Arbeitgeber finden die Bedingungen sehr gut und 41 als gut. Der Großteil der Befragten, das entspricht knapp 50% war indifferent, was sich auch im Mittelwert von 2,82 bzw. im Median von 3 wiederspiegelt. Die restlichen 91 Betriebe empfanden die Bedingungen der Personalrekrutierung des Landkreises Cham im Vergleich schlecht bis sehr schlecht.

# 3. Hypothese mit nominalen Daten

## 3.1. Der Chi²-Unabhängigkeitstest

### 3.1.1. Theoretischer Hintergrund

Mit dem Qui-Quadrat-Unabhängigkeitstest können Zusammenhänge zwischen zwei nominalskalierten Variablen untersucht werden. Diese Maßzahl beschreibt den Unterschied zwischen beobachteten und erwarteten Häufigkeiten. Dieser Unterschied ist umso größer, je größer Chi² ist. Die erwartete Häufigkeit sollte mindestens 5 sein.[2]

### 3.1.2. Anwendung auf den Fragebogen

Ob es einen Zusammenhang zwischen dem Wirtschaftszweig eines Betriebes und dessen Vorausschau für die Besetzung seiner Ausbildungsplätze für 2011 gibt, werde ich anhand des Chi²-Tests analysieren.

| | | Vorausschau Besetzung Ausbildungsplätze 2011 | | |
|---|---|---|---|---|
| | | ja | nein | Gesamtsumme |
| Wirtschafts- | Handwerk | 62 | 41 | 103 |
| zweige | Verarbeitendes Gewerbe | 28 | 14 | 42 |
| | Handel | 26 | 12 | 38 |
| | Energie/ Landwirtschaft | 3 | 3 | 6 |
| | Gastronomie/ Tourismus | 8 | 10 | 18 |
| | Gesundheits- und Pflegeleistungen | 20 | 5 | 25 |
| | sonstige Dienstleistungen | 33 | 8 | 41 |
| | Sonstiges | 16 | 7 | 23 |
| Gesamtsumme | | 196 | 100 | 296 |

Tabelle 2: Kreuztabelle Wirtschaftszweige*Vorausschau Besetzung Ausbildungsplätze 2011

---

[2] vgl. Spiegel M. R. (1990), S. 203

Die Voraussetzung von zwei nominalskalierten Variablen ist bei der Vorausschau der Besetzung mit ja/nein und bei den Wirtschaftszweigen erfüllt.

Den Zusammenhang werde ich anhand folgender Hypothesen testen:

H1: Es gibt einen statistisch signifikanten Zusammenhang zwischen den Wirtschaftszweigen und der Vorausschau für die Besetzung der Ausbildungsplätze in 2011.

H0: Es gibt keinen statistisch signifikanten Zusammenhang zwischen den Wirtschaftszweigen und der Vorausschau für die Besetzung der Ausbildungsplätze in 2011.

**Chi-Quadrat-Tests**

| | Wert | df | Asymp. Sig. (zweiseitig) |
|---|---|---|---|
| Pearson-Chi-Quadrat | 12,247[a] | 7 | ,093 |
| Likelihood-Quotient | 12,488 | 7 | ,086 |
| Zusammenhang linear-mit-linear | 3,913 | 1 | ,048 |
| Anzahl der gültigen Fälle | 296 | | |

a. 2 Zellen (12,5%) haben die erwartete Anzahl von weniger als 5. Die erwartete Mindestanzahl ist 2,03.

**Tabelle 3: Chi²-Test**

Wie in Tabelle 3 zu sehen, haben mehr als 80% eine Anzahl mit mehr als 5, das heißt die Voraussetzung für einen Qui-Quadrat-Test ist erfüllt. Der Perarson-Chi-Quadrat-Wert ist positiv, weshalb die Variablen voneinander abhängig sein könnten. Jedoch liegt der Wert der Signifikanz bei 0,93 über dem festgelegten Signifikanzniveau von 0,05, was bedeutet, dass kein Zusammenhang zwischen den Wirtschaftszweigen und der Vorausschau für die Besetzung der Ausbildungsplätze in 2011 besteht.

## 4. Hypothese mit Varianzanalyse

### 4.1. Theoretischer Hintergrund

Bei der Varianzanalyse handelt es sich um ein multivariates Analyseverfahren, um Unterschiede zwischen Mittelwerten zu errechnen. Untersucht wird die Wirkung einer oder mehrerer unabhängiger Variablen auf eine oder mehrere abhängige Variablen. Die abhängigen Variablen müssen intervallskaliert sein, für die Faktoren ist das Nominalskalenniveau ausreichend.[3]

### 4.2. Anwendung auf den Fragebogen

Die im theoretischen Hintergrund beschriebenen Voraussetzungen für eine Varianzanalyse sind erfüllt. Als abhängige Variable gilt „die Einschätzung der Schwierigkeiten bei der Stellenbesetzung", als feste Faktoren dienen „Vakanzzeit" und „fehlende Bewerbungseingänge". Folgende Zusammenhänge möchte ich nun untersuchen:

H1: Es besteht ein Zusammenhang zwischen der Einschätzung der Schwierigkeiten bei der Stellenbesetzung, der Vakanzzeit und den fehlenden Bewerbungseingängen.

H0: Es besteht kein Zusammenhang zwischen der Einschätzung der Schwierigkeiten bei der Stellenbesetzung, der Vakanzzeit und den fehlenden Bewerbungseingängen.

---

[3] vgl. Bühner M./Ziegler M. (2009), S. 343 ff.

Abhängige Variable: Einschätzung Schwierigkeit Stellenbesetzung

| F | df1 | df2 | Signifikanz |
|---|---|---|---|
| 1,412 | 70 | 68 | ,077 |

Prüft die Nullhypothese, dass die Fehlervarianz der abhängigen Variablen
über Gruppen hinweg gleich ist.

a Design: Konstanter Term +F K_OFFEN + VAKANZ + FK_OFFEN * VAKANZ

**Tabelle 4: Levene-Test auf Gleichheit der Fehlervarianzen**

Der Levene-Test ist mit einem Wert von 0,077 nicht signifikant, was man Tabelle 4 entnehmen kann. Außerdem sind die Varianzen homogen und es kann eine Varianzanalyse durchgeführt werden. Wäre der Wert 0,000 wären die Varianzen nicht homogen, entweder müssten die Variablen verändert oder auf einen anderen Test zurückgegriffen werden. In der Tabelle 5, Tests der Zwischensubjekte, werden die Varianzen der Variablen aufgezeigt.

Abhängige Variable: Einschätzung Schwierigkeit Stellenbesetzung

| Quelle | Quadratsumme vom Typ III | df | Mittel der Quadrate | F | Signifikanz | Partielles Eta-Quadrat |
|---|---|---|---|---|---|---|
| Korrigiertes Modell | 86,708(a) | 70 | 1,239 | 1,111 | ,332 | ,534 |
| Konstanter Term | 671,401 | 1 | 671,401 | 602,344 | ,000 | ,899 |
| FK_OFFEN | 7,944 | 14 | ,567 | ,509 | ,920 | ,095 |
| VAKANZ | 55,168 | 23 | 2,399 | 2,152 | ,008 | ,421 |
| FK_OFFEN * VAKANZ | 18,368 | 33 | ,557 | ,499 | ,985 | ,195 |
| Fehler | 75,796 | 68 | 1,115 | | | |
| Gesamt | 2591,000 | 139 | | | | |
| Korrigierte Gesamtvariation | 162,504 | 138 | | | | |

a  R-Quadrat = ,534 (korrigiertes R-Quadrat = ,053)

**Tabelle 5: Tests der Zwischensubjekte**

Die Tabelle zeigt ein stimmiges Modell. Es besteht ein höchst signifikanter Zusammenhang zwischen der abhängigen Variable „Einschätzung der Schwierigkeiten bei der Stellenbesetzung" und den unabhängigen Variablen „Vakanzzeit" und „fehlende Bewerbungseingänge", die Behauptung H0 kann somit verworfen werden. Der Wert von 0,920 zeigt, dass die Variable „fehlende Bewerbungseingänge" keinen direkten Zusammenhang zur Konstante aufweist.

# 5. Hypothese mit Regressionsanalyse

## 5.1. Theoretischer Hintergrund

Bei einer Regression wird untersucht, ob zwei beobachtete quantitative Merkmale abhängig voneinander sind. Wenn ein Zusammenhang feststellbar ist, kann das eine Merkmal zur Vorhersage des anderen Merkmals genutzt werden.

Für die Regressionsanalyse müssen abhängige und unabhängige Variable metrisch skaliert sein, jedoch können Ausnahmen gemacht werden, indem ordinal skalierte als metrisch behandelt werden. Der lineare Zusammenhang der Variablen kann anhand eines Streudiagramms überprüft werden.[4]

## 5.2. Anwendung auf den Fragebogen

Mit der Regressionsanalyse möchte ich nun die folgenden Bedingungen in Bezug auf den Fachkräftebedarf im Landkreis Cham testen. Meine abhängige Variable ist die Einschätzung der Bedeutung der Erwerbspersonenverringerung für die Personalplanung. Als Konstanten habe ich die Veränderung der Zahl der Fachkräfte in zwölf Monaten und die Veränderung der Zahl der Fachkräfte in drei Jahren verwendet.

H1:    Es gibt einen Zusammenhang zwischen der Einschätzung der Bedeutung der Erwerbspersonenverringerung für die Personalplanung, der Veränderung der Zahl der Fachkräfte in zwölf Monaten und der Veränderung der Zahl der Fachkräfte in drei Jahren.

H0:    Es gibt keinen Zusammenhang zwischen der Einschätzung der Bedeutung der Erwerbspersonenverringerung für die Personalplanung, der Veränderung der Zahl der Fachkräfte in zwölf Monaten und der Veränderung der Zahl der Fachkräfte in drei Jahren.

---

[4] vgl. Quatember A. (2011), S. 177ff.

Der R-Quadrat-Wert, hier in der Modellübersicht zu sehen, gibt den Zusammenhang zwischen den Variablen an. Er liegt hier sogar deutlich unter 0,1, was aussagt, dass kein Zusammenhang zwischen den Variablen besteht. Bestätig wird dies auch nochmal durch den sehr niedrigen angepassten R-Quadrat-Wert.

**Modellübersicht[b]**

| Modell | R | R-Quadrat | Angepasstes R-Quadrat | Standardfehler der Schätzung | Durbin-Watson |
|---|---|---|---|---|---|
| 1 | ,109[a] | ,012 | ,006 | 1,149 | 1,992 |

a. Prädiktoren: (Konstante), Verränderung Zahl Fachkräfte in drei Jahren, Verränderung Zahl Fachkräfte in zwölf Monaten

b. Abhängige Variable: Einschätzung Bedeutung Erwerbspersonenverringerung für PP

**Tabelle 6: Modellübersicht**

**ANOVA[a]**

| Modell | | Quadratsumme | df | Mittel der Quadrate | F | Sig. |
|---|---|---|---|---|---|---|
| 1 | Regression | 5,311 | 2 | 2,655 | 2,012 | ,135[b] |
| | Residuum | 438,224 | 332 | 1,320 | | |
| | Gesamtsumme | 443,534 | 334 | | | |

a. Abhängige Variable: Einschätzung Bedeutung Erwerbspersonenverringerung für PP

b. Prädiktoren: (Konstante), Veränderung Zahl Fachkräfte in drei Jahren, Veränderung Zahl Fachkräfte in zwölf Monaten

**Tabelle 7: Anova**

Der Wert der Irrtumswahrscheinlichkeit ist mit 5% in den Einstellungen vorgegeben. Wie in der Tabelle 6 zu sehen, ist das Ergebnis mit einem Wert von 0,135 nicht signifikant. Außerdem ist der F-Wert sehr niedrig, was eine schlechte Regression bedeutet.

Bei einer genaueren Betrachtung der Signifikanzen in Tabelle 8 ist ersichtlich, dass die Variablen die Veränderung der Zahl der Fachkräfte in zwölf Monaten mit einem Wert von 0,517 und Veränderung der Zahl der Fachkräfte in drei Jahren mit einem Wert von 0,290 die Regression verschlechtern und folglich kein Zusammenhang zwischen den Variablen besteht. Die Veränderung der Zahl der Fachkräfte in zwölf Monaten hat keinen Einfluss auf die Veränderung der Zahl der Fachkräfte in drei Jahren.

**Koeffizienten[a]**

| Modell | | Nicht standardisierte Koeffizienten | | Standardisierte Koeffizienten | t | Sig. |
|---|---|---|---|---|---|---|
| | | B | Standardfehler | Beta | | |
| 1 | (Konstante) | 2,804 | ,285 | | 9,847 | ,000 |
| | Verränderung Zahl Fachkräfte in zwölf Monaten | ,074 | ,113 | ,046 | ,649 | ,517 |
| | Verränderung Zahl Fachkräfte in drei Jahren | ,092 | ,087 | ,075 | 1,060 | ,290 |

a. Abhängige Variable: Einschätzung Bedeutung Erwerbspersonenverringerung für PP

**Tabelle 8: Koeffizienten**

Der T-Wert, in Tabelle 8 zu sehen, ist mit 0,649 und 1,060 hoch positiv. Der Regressionskoeffizient (B) beschreibt den Einfluss der jeweiligen Variablen. Die Veränderung der Zahl der Fachkräfte in zwölf Monaten steigt hier in 0,074 Punkteeinheiten und die Veränderung der Zahl der Fachkräfte in drei Jahren in 0,092 Punkteeinheiten.

Schließend ist zu sagen, dass es keinen statistischen Zusammenhang zwischen der Einschätzung der Bedeutung der Erwerbspersonenverringerung für die Personalplanung, der Veränderung der Zahl der Fachkräfte in zwölf Monaten und der Veränderung der Zahl der Fachkräfte in drei Jahren gibt.

## 6. Fachkräftebedarf im Landkreis Cham

### 6.1. Reliabilität

### 6.1.1. Theoretischer Hintergrund

Die Reliabilität bezeichnet die Zuverlässigkeit einer Untersuchung. Es sollten sich bei gleichen Rahmenbedingungen stets die gleichen Ergebnisse ohne zufällige Fehler ergeben.[5]

## 6.1.2. Anwendung auf den Fragebogen

| Reliabilitätsstatistik | | |
|---|---|---|
| Cronbach-Alpha | Cronbach-Alpha für standardisierte Items | Anzahl der Items |
| ,777 | ,777 | 6 |

**Tabelle 9: Reliabilitätsstatistik**

Der Wert von 0,777 für Cronbach-Alpha, zu sehen in der Reliabilitätsstatistik der Tabelle 9, ist ein verlässliches Maß. Der Mindestwert sollte bei 0,7 liegen, der optimale Wert bei 1.

Es sollte keine Variable weggelassen werden, da es sonst den Cronbach-Alpha-Wert verschlechtern würde.

| Item-Skala-Statistik | | | | | |
|---|---|---|---|---|---|
| | Mittelwert skalieren, wenn Item gelöscht | Varianz skalieren, wenn Item gelöscht | Korrigierte Item-Skala-Korrelation | Quadrierte multiple Korrelation | Cronbach-Alpha, wenn Item gelöscht |
| Wirkung grenzüberschreitende Technologieplattform | 17,40 | 10,990 | ,498 | ,266 | ,749 |
| Wirkung Arbeitgebermarke | 17,26 | 10,418 | ,552 | ,323 | ,736 |
| Wirkung Ausweitung Technologie Campus | 17,03 | 10,409 | ,515 | ,279 | ,747 |
| Wirkung Kinderbetreuung | 16,58 | 11,809 | ,403 | ,181 | ,771 |
| Wirkung Beratung Personalstruktur | 17,42 | 10,788 | ,606 | ,473 | ,725 |
| Wirkung Arbeitsmarktprognosen | 17,51 | 10,462 | ,574 | ,462 | ,730 |

**Tabelle 10: Item-Skala-Statistik**

---

[5] vgl. http://de.statista.com/statistik/lexikon/definition/115/reliabilitaet/

## 6.2. Index

### 6.2.1. Theoretischer Hintergrund

Die durchschnittliche Änderung eines Merkmals innerhalb mehreren Gegenständen wird durch den Index wiedergespiegelt. Der Index wird durch Addition der einzelnen Variablen gebildet.[6]

### 6.2.2. Anwendung auf den Fragebogen

Den Index Maßnahmen zur Deckung des Fachkräftebedarfs stelle ich somit aus folgenden Variablen zusammen:

- Erweiterung der grenzüberschreitenden Technologieplattform
- Einführung einer gemeinsamen Arbeitgebermarke des Landkreises Cham
- Ausweitung des Studienangebots am Technologie Campus Cham
- Verbesserte Kinderbetreuung im Landkreis Cham
- Beratung zur Entwicklung der Personalstruktur in den Unternehmen
- Lieferung von Arbeitsmarktprognosen

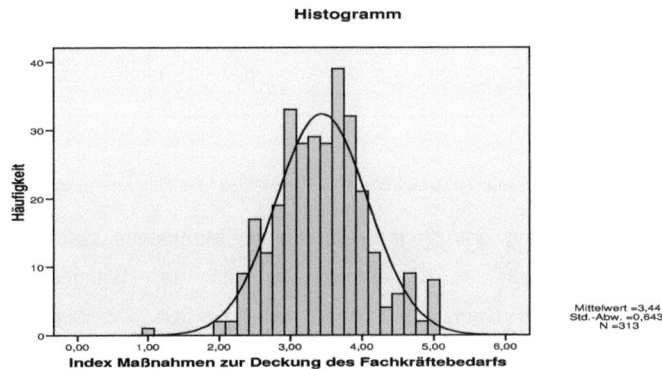

Diagramm 3: Histogramm Index Maßnahmen zur Deckung des Fachkräftebedarfs

---

[6] vgl. http://www.thomasgransow.de/Fachmethoden/Statistik2.htm

Das Histogramm des Index Maßnahmen zur Deckung des Fachkräftebedarfs, zu sehen in Diagramm 3, zeigt mit einem Mittelwert von 3,44 eine relativ hohe Wirkung der Maßnahmen zur Fachkräftebedarfdeckung.

## 6.3. Eine Variable berechnen

### 6.3.1. Theoretischer Hintergrund

Neuberechnungen von Variablen sind praktisch zur statistischen Datenanalyse. Die Daten werden zum einen enger gruppiert und somit übersichtlicher, zum anderen können sie genauere Antworten geben.

### 6.3.2. Anwendung auf den Fragebogen

| | | Wirkung Kinderbetreuung | | | | | |
|---|---|---|---|---|---|---|---|
| | | sehr negativ | eher negativ | indifferent | eher positiv | sehr positiv | Gesamt |
| Betriebsgröße nach Beschäftigten | < 5 Beschäftigte | 0 | 1 | 14 | 21 | 30 | 66 |
| | 5-9 Beschäftigte | 0 | 1 | 21 | 28 | 28 | 78 |
| | 10-49 Beschäftigte | 2 | 2 | 24 | 46 | 35 | 109 |
| | 50-249 Beschäftigte | 0 | 2 | 12 | 24 | 20 | 58 |
| | 250-499 Beschäftigte | 0 | 0 | 1 | 5 | 2 | 8 |
| | 500-999 Beschäftigte | 0 | 0 | 4 | 1 | 1 | 6 |
| Gesamt | | 2 | 6 | 76 | 125 | 116 | 325 |

Tabelle 11: Kreuztabelle Betriebsgröße nach Beschäftige * Wirkung Kinderbetreuung

Die Frage der Wirkung der Kinderbetreuung als Maßnahme zur Deckung des Fachkräftebedarfs kann im Zusammenhang mit der Betriebsgröße nach Beschäftigten in einer Kreuztabelle beantwortet werden. Die bisher bekannte Variable „Betriebsgröße nach Beschäftigten" habe ich um die Ausprägungen „500-999 Beschäftigte", „1000-1499 Beschäftigte", „1500-1999 Beschäftigte" und >2000 Beschäftigte" erweitert, um genauere Auskünfte zur Wirkung der Kinderbetreuung in den größeren Unternehmen zu erhalten.

Zur Tabelle lässt sich sagen, dass bei dieser Befragung im Landkreis Cham nur Betriebe bis 999 Beschäftige ihre Meinung zur Kinderbetreuung als Maßnahme zur Deckung des Fachkräftebedarfs abgegeben haben. Von 325 Antworten sind 241 im Bereich positiv und sehr positiv einzustufen. Gesamt wurde nur in 8 Unternehmen mit sehr negativ oder eher negativ bewertet. Es handelt sich hierbei um eher kleinere Betriebe mit unter 250 Beschäftigten.

## 7. Fazit

Durch meine statistischen Untersuchungen mit SPSS konnte ich in dieser Studienarbeit Zusammenhänge verdeutlichen oder wiederlegen.

Anhand Kennzahlen der SPSS-Auswertung können Schlussfolgerungen gezogen und diese, wenn nötig, auch umgesetzt werden. Außerdem können damit Veränderungen geprüft und evaluiert werden, was unter anderem im Qualitätsmanagement von hoher Bedeutung ist. Durch die Datenanalyse des Fragebogens über Fachkräftebedarf im Landkreis Cham konnte ich mein theoretisches Wissen aus den Präsenzen in die Praxis umsetzen.

Die Regressionsanalyse zeigt zwar keinen Zusammenhang zwischen der Einschätzung der Bedeutung der Erwerbspersonenverringerung für die Personalplanung, der Veränderung der Zahl der Fachkräfte in zwölf Monaten und der Veränderung der Zahl der Fachkräfte in drei Jahren auf, jedoch sollte dieser Zusammenhang bei der Personalplanung bzw. im Personalmanagement noch genauer untersucht und dann entsprechend berücksichtigt werden. Die Sicherstellung des Fachkräftebedarfs für die Zukunft ist wichtig, da bei einer alternden Gesellschaft die Erwerbspersonen zurückgehen, jedoch gleichzeitig der Bedarf an qualifizierten Arbeitskräften steigt.

# Literaturverzeichnis

## Buchquellen

Bühner M./Ziegler M. (2009), Statistik für Psychologen und Sozialwissenschaftler. München: Pearson.

Spiegel M. R. (1990). Statistik. 2. Auflage. Hamburg: McGraw Hill Book Company.

Quatember A. (2011). Statistik ohne Angst vor Formeln – Das Studienbuch für Wirtschafts- und Sozialwissenschaftler. 3. Auflage. München: Pearson.

## Internetquellen

http://de.statista.com/statistik/lexikon/definition/115/reliabilitaet/.

Abruf: 14.02.2014.

http://www.thomasgransow.de/Fachmethoden/Statistik2.htm.

Abruf: 15.02.2014.